¿Qué hay dentro?

I0109631

por Mary Holland

Cápsula de huevos de mantis religiosa

cápsula de huevos

Los insectos ponen huevos de muchos colores, formas y tamaños.

La mantis religiosa pone muchos huevos en otoño y los rodea con espuma que sale de la punta de su abdomen. Cuando la espuma se endurece, esta forma una cápsula que protege los huevos durante todo el invierno. En la primavera los huevos eclosionan y cientos de diminutas mantis religiosas gatean fuera de la cápsula.

mantis religiosa

Excremento

excremento de oso negro

Otro nombre para la caca de los animales es "excremento". Los excrementos de cada animal lucen un poco diferentes. Puedes convertirte en un detective de animales y saber qué animal ha hecho caca por la forma y el tamaño de sus excrementos. Los detectives de animales también pueden saber qué ha estado comiendo un animal gracias a lo que está presente en sus excrementos.

Un oso negro hizo caca luego de visitar un alimentador de aves. Este carbonero de capucha negra está comiendo las semillas de aves presentes en los excrementos del oso negro.

Bola de ave de presa

bola de cárabo norteamericano

Los búhos, halcones y águilas tienen problemas para digerir las garras, dientes, huesos y pelaje de los animales que comen (presas).

Luego de que tragan su presa, estas partes complicadas de digerir se quedan en su molleja, una parte muscular de su estómago. Estas se comprimen en una bola y son escupidas unas horas luego de haber comido.

Al estudiar los huesos y esqueletos dentro de una bola puedes saber qué animal se ha comido al pájaro.

cárabo norteamericano escupiendo una bola

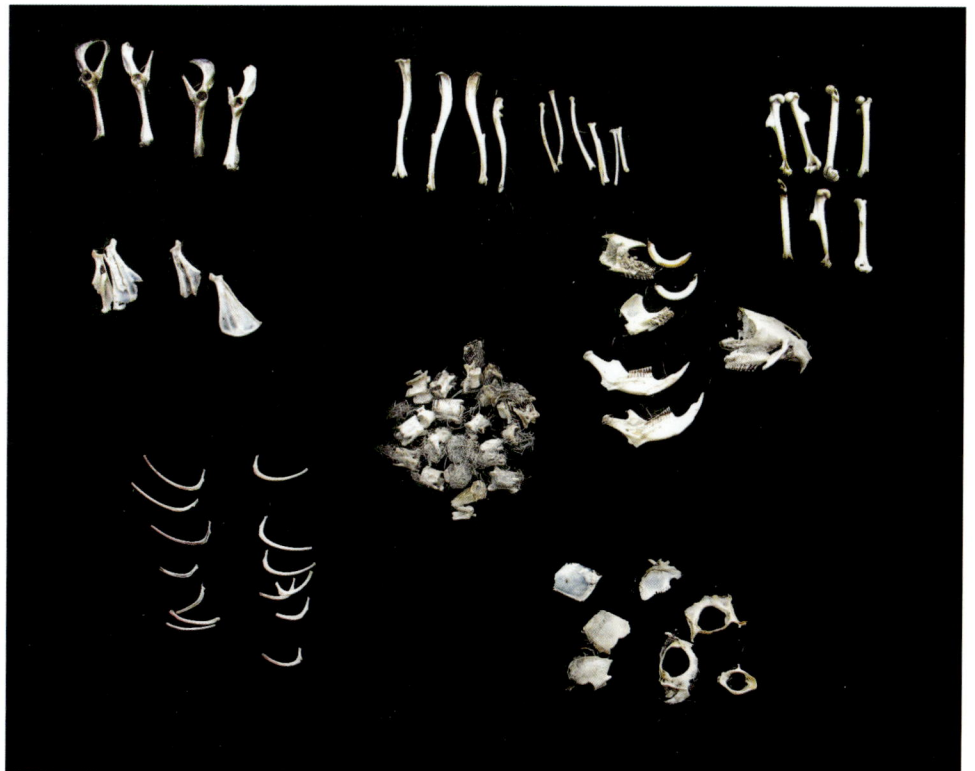

huesos y dientes encontrados en bolas

Cápsula de huevo de araña

bolsa de huevos de
araña negra y amarilla

crías de araña dentro de una bolsa de huevos

Araña negra y amarilla

Las arañas hilan diferentes tipos de seda. Algunos tipos de seda son pegajosas y se utilizan para capturar insectos en telarañas. La bolsa de seda que hilan las arañas para sostener sus huevos no es pegajosa, pero es bastante fuerte y resistente al agua.

Algunas arañas, como la araña negra y amarilla, ponen sus huevos durante el verano y estos eclosionan en el otoño. Las arañas jóvenes pasan el invierno dentro de la bolsa de huevos rodeadas por seda bastante suave.

Agalla

bola de agalla de
vara de oro

La bola que ves sobre esta planta vara de oro se llama agalla. Un tipo de mosca especial pone un huevo sobre la planta durante la primavera. Luego de que el huevo eclosiona, la mosca joven, también llamada larva, mastica el tallo de la vara de oro y la planta se hincha alrededor de la primera, formando una agalla. La larva de mosca vive dentro de la agalla durante todo el invierno y se alimenta de las paredes de la agalla. Cuando la larva se transforma en adulta en primavera, se arrastra fuera de un túnel que ha ido masticando cuando era una larva y sale volando.

larva de mosca de las agallas

Cápsula de frigánea

larva y cápsula

cápsula

cápsula

Los insectos jóvenes llamados frigáneas viven en el agua y construyen pequeñas casas que llevan consigo hacia cualquier lugar al que van. Algunas frigáneas construyen sus casas con guijarros, otras de ramitas y otras con pedazos de hojas. Luego de que se vuelven adultas, las frigáneas dejan sus casas y se alejan volando.

Algunas veces puedes ver las casas de las frigáneas moviéndose a lo largo del fondo de un pozo. Mira de cerca y puede que observes cómo salen la cabeza y patas de la frigánea cuando esta se mueve.

"saliva"

ninfa de salivazo

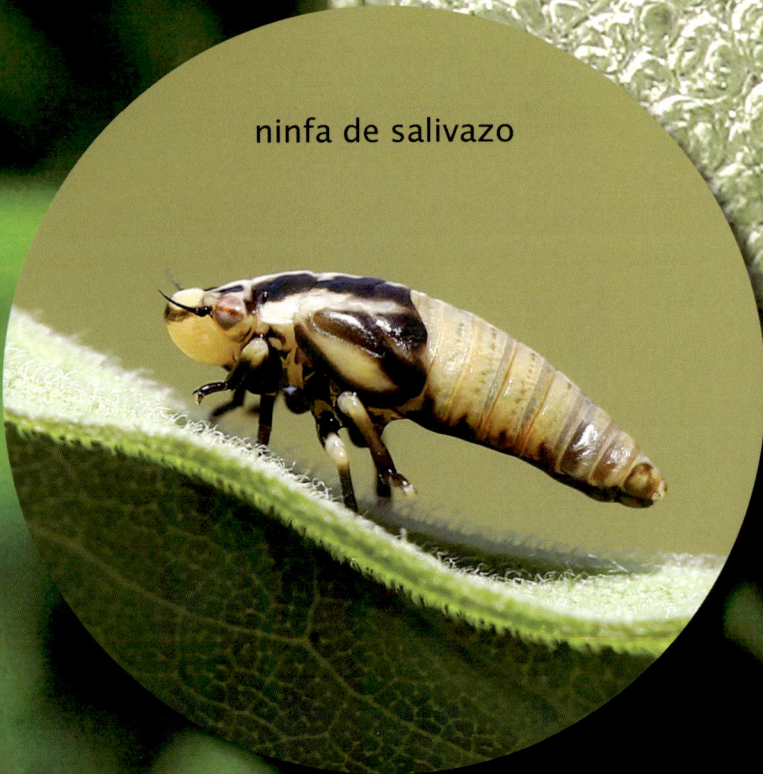

¿Alguna vez has visto burbujas sobre el tallo de una planta? Dentro de estas burbujas hay insectos jóvenes llamados salivazos. Estos cuelgan de cabeza y toman savia de la planta. Las burbujas salen de la punta del abdomen del salivazo y cae a su alrededor. Estos se esconden allí en contra de depredadores y para no secarse.

Cuando crecen, los salivazos son llamados cercopidae (froghopperss en inglés) porque pueden saltar como las ranas (frogs en inglés). ¡Pueden saltar hasta 100 veces más que su propio tamaño! Si fueras un cercopidae (froghopper) podrías saltar sobre tres autobuses escolares alineados.

cercopidae emergiendo desde la piel de ninfa

cercopidae

Nido de carpinteros pileados

¿Puedes encontrar un agujero en el árbol de esta foto? ¿Quién crees que lo hizo?

Los carpinteros pileados taladran agujeros con su pico para encontrar insectos para comer, y también para construir nidos.

Cuando llega el momento de anidar, los carpinteros pileados usan su pico largo y afilado para formar un agujero, y ponen sus huevos dentro de este último. Los huevos eclosionan y los pájaros carpinteros jóvenes viven dentro de la cavidad, protegidos en contra del viento, la lluvia y los depredadores. Sus padres les llevan comida hasta que crecen y aprenden a volar.

Al año siguiente los pájaros carpinteros jóvenes harán sus propios nidos.

adulto carpintero pileado alimentándose polluelo

Nido de avispón cariblanco

Algunos insectos tienen familias numerosas que viven en grupos llamados colonias. En una colonia de avispón cariblanco hay una reina, algunos trabajadores machos y muchísimas trabajadoras hembras. La colonia se construye un nido para vivir con el papel que fabrican. Los avispones trabajadores mastican madera hasta forma una suerte de pasta que al secarse se transforma en papel. Cada color diferente de papel está hecho de un tipo de madera distinto. Dentro de varias paredes de papel hay filas de copas diminutas, o células, en las que la reina pone los huevos que eclosionan como larvas. Los trabajadores alimentan a las larvas hasta que se vuelven avispones adultos.

Un nido de avispones se mantiene con vida durante solo un verano, y todos los avispones, a excepción de las reinas jóvenes y fertilizadas, fallecen en el otoño. Las reinas pasan el invierno en un punto protegido, tal y como un tronco en descomposición, y comienzan un nuevo nido en primavera.

parte interna de un nido

vispón cariblanco

Nido de ardilla

Aunque puede que pienses que es el nido de un ave, en realidad es un nido de ardilla gris oriental.

Los nidos de ardillas grises generalmente están hechos de ramitas y hojas en la parte alta de un árbol. Las ardillas forran el nido con pasto, musgo, hojas y leña desmenuzada para aportar calor a sus crías. Generalmente hay un agujero de entrada, el cual mira hacia el tronco para evitar que entre la lluvia.

Un nido está generalmente habitado por una ardilla, pero también se sabe que dos ardillas pueden compartir un nido para mantener el calor durante el invierno.

Las ardillas grises dan a luz durante el final del invierno, y luego otra vez en el verano. Una cavidad de árbol para protegerse también puede funcionar como criadero durante el invierno.

El nido promedio solo se usa por uno o dos años.

ardilla gris
oriental

Capullo

oruga cecropia

capullo de polilla cecropia

En primavera una polilla comienza su vida como huevo, el cual eclosiona hacia la forma de una oruga. La oruga come, come y sigue comiendo en otoño para hilar un capullo de seda. Dentro del capullo la oruga se transforma en un pupa. Durante el verano siguiente la pupa se convierte en una polilla adulta con alas, sale del capullo y comienza a volar.

pupa

disección de un capullo de cecropia

polillas cecropia

parte interna de una castorera

Castorera

castor

Los castores construyen sus propias casas, llamadas castoreras, cortando árboles y haciendo una pila enorme de barro y ramas en un estanque. Luego mastican para formar una o dos habitaciones dentro de la madriguera.

Muy pocas personas han visto el interior de una castorera, ya que la entrada a estas se encuentra debajo del agua. El interior de una castorera es

bastante oscuro y húmero. Hay una habitación principal en

la que los castores se secan, comen y se acicalan entre sí, y otra habitación más pequeña en la que duermen.

Generalmente dentro de una castorera viven entre cuatro y ocho castores.

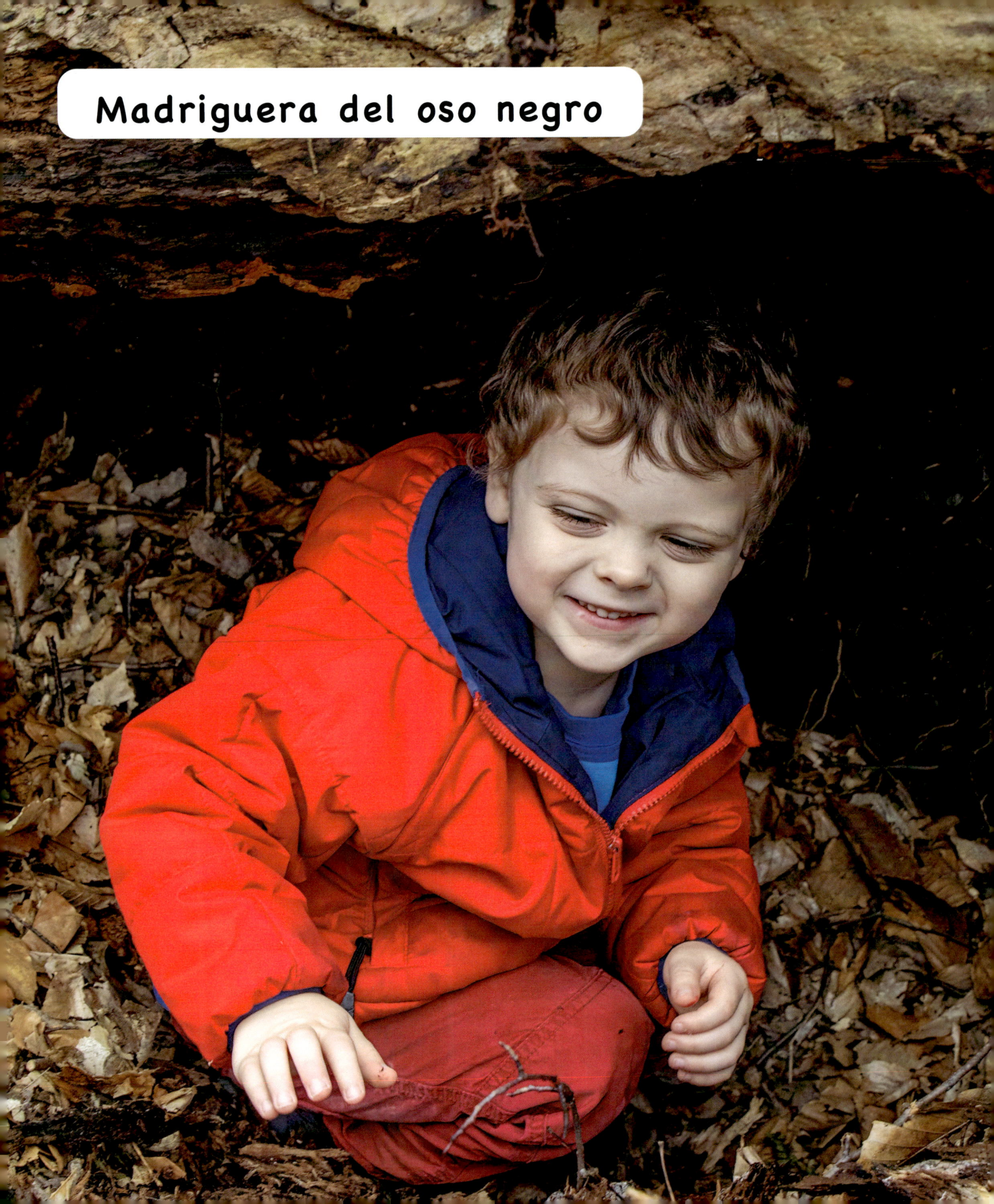

Madriguera del oso negro

Este niño está explorando el interior de una madriguera de oso negro.

¿Puedes pensar en algo que quisieras buscar dentro? ¿Un tronco en descomposición? ¿Un nido de aves antiguo? ¿Qué puedes encontrar para explorar?

Para las mentes creativas

Esta sección puede ser fotocopiada o impresa desde nuestra página web por el propietario de este libro, siempre y cuando tenga propósitos educacionales y no comerciales. Visita ArbordalePublishing.com para explorar todos los recursos de apoyo de este libro.

Nido de avispa del barro de tubos de órgano

celdas de avispa del barro de tubos de órgano

Muchas avispas y abejas construyen nidos para criar a sus pequeños. Algunas fabrican sus nidos con cera, otras con papel que hacen ellas mismas, y también hay unas que usan barro para construir sus nidos. Las avispas del barro de tubos de órgano recolectan barro y construyen celdas de barro para colocar sus huevos. Muchas celdas de barro apiladas lucen como los tubos de un órgano, y es por ello que a estos insectos se les llama de esa forma. ¡Te sorprenderías en caso de poder ver dentro de una celda de este tipo de avispas! Cada celda contiene un huevo de avispa, así como alimentos para las avispas pequeñas cuando salen de sus huevos. A las avispas del barro de tubo de órganos les gusta comer arañas. La hembra adulta localiza y captura varias arañas. Las arañas se mantienen con vida, pero no pueden moverse luego de haber sido picadas por una avispa. La avispa las lleva de vuelta a la celda más nueva y las coloca dentro. Luego pone un huevo sobre las arañas y sella la celda con barro. Cuando el huevo eclosiona, la avispa joven se comerá las arañas. Las arañas no se pudren porque aún siguen con vida. Cuando la avispa ha crecido, se abre camino masticando la celda de lodo y se aleja volando.

avispa trayendo una bola de barro y construyendo una celda

avispa regresando con una araña y colocándola en la celda

celda de avispa llena de arañas y un huevo de avispa

Une al animal con su excremento

Diferentes animales producen excrementos con distintos tamaños y formas. Una vez que identificas de qué animal es el excremento, puedes saber más sobre lo que come este observando qué hay dentro del excremento. Entre otras cosas, puedes encontrar plumas, semillas, huesos, pasto, pelo e insectos. ¿Puedes unir la foto del animal y lo que come con sus excrementos?

oso negro – manzana

coyote – venado de cola blanca

castor – tronco

mapache – fresas salvajes

nutria de río – pescado

1

2

3

4

5

Respuestas: oso negro-5; coyote-4; castor-1; mapache-2; nutria de río-3

Agallas

Las agallas son crecimientos anormales que se forman sobre las plantas. Algunas veces una planta reacciona ante el momento en que un insecto pone un huevo sobre o dentro de la primera, y crece una protuberancia alrededor del segundo. Estas protuberancias, también llamadas agallas, tienen diferentes tamaños, colores y formas, dependiendo del tipo de insecto y de planta. Cada insecto tiene una planta para hospedarse y una agalla de forma específica. Pueden haber uno o varios insectos viviendo dentro de una agalla. La agalla funciona como refugio y algunas veces como fuente de alimentos para los insectos mientras crecen.

Aquí tienes un vistazo cercano de algunos tipos de agallas y de los insectos que viven en su interior.

Ahora que ya sabes qué buscar, investiga a tu alrededor para ver si puedes encontrar una agalla cuando salgas.

agalla de nudo de mora con larva de avispa

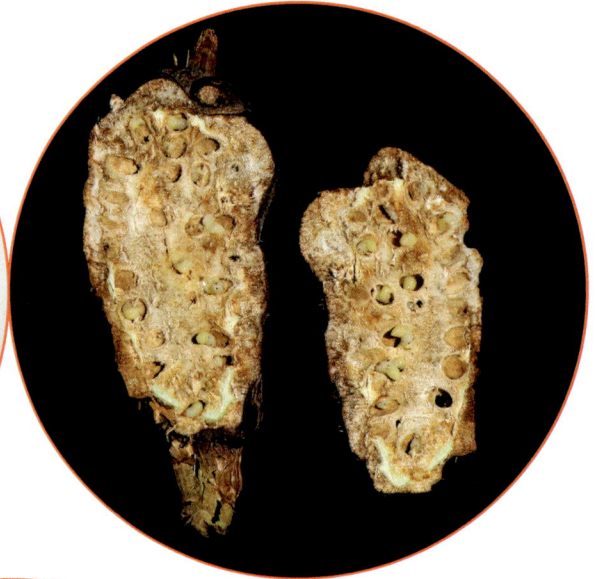

agalla de olmo de coxcomb con áfidos

agalla de nogal
americano con
áfidos

agalla de
bolsa roja
(en zumaque
cuerno de
ciervo) con
áfidos

agalla
fusiforme de
vara de oro
con larvas de
polilla

¡Un nido de aves con techo!

El nido de un ave generalmente se utiliza para criar una familia de aves. Luego de que la mayoría de las aves jóvenes dejan su nido, ni estas ni sus padres regresan a ese lugar. Otros animales aprovechan los materiales del nido o el nido en sí mismo.

El ratón ciervo y el ratón de patas blancas algunas veces construyen un techo de algodoncillo o pelusa sobre un nido de aves durante el otoño, y utilizan el nido como un hogar para el invierno.

Este libro está dedicado a Otis, Lily Piper, Leo y a todos los niños cuya curiosidad innata les hace mirar dentro y explorar todas las cosas que encuentran. Agradecimientos a Jody Crosby por haber ideado el concepto en el que se basó la escritura de este libro—MH

Gracias a Kim Hargrave, Directora de Educacion del Denison Pequotsepos Nature Center, por verificar la veracidad de la información presente en este libro.

Library of Congress Cataloging-in-Publication Data

Names: Holland, Mary, 1946- author. | De la Torre, Alejandra, translator.
Title: ¿Qué hay dentro? / por Mary Holland ; traducido por Alejandra de la
    Torre con Javier Camacho Miranda.
Other titles: What's inside? Spanish
Description: Mt. Pleasant, SC : Arbordale Publishing, [2024] | Includes
    bibliographical references.
Identifiers: LCCN 2023056592 (print) | LCCN 2023056593 (ebook) | ISBN
    9781638173137 (trade paperback) | ISBN 9781638170075 (ebook) | ISBN
    9781638173199 (adobe pdf) | ISBN 9781638173229 (epub)
Subjects: LCSH: Animals--Miscellanea--Juvenile literature. |
    Nature--Miscellanea--Juvenile literature. | Natural history--Juvenile
    literature.
Classification: LCC QL49 .H684318 2024 (print) | LCC QL49 (ebook) | DDC
    590--dc23/eng/20240105

Este libro también está disponible en inglés What's Inside?
English Paperback: 9781643519883   PDF: 9781638170266   ePub3: 9781638170457
Una lectura bilingüe ISBN 9781638170075 está disponible en línea en www.fathomreads.com

Derechos de Autor 2024 © por Mary Holland
Traducido por Alejandra de la Torre con Javier Camacho Miranda

La sección educativa "Para las mentes creativas" puede ser fotocopiada por el propietario de este libro y por los educadores para su uso en las aulas de clase.

Impreso en EE. UU.
Este producto se ajusta al CPSIA 2008

Arbordale Publishing
Mt. Pleasant, SC 29464
www.ArbordalePublishing.com

Mary Holland es una naturalista, fotógrafa de naturaleza, columnista y galardonada autora que se ha apasionado por la historia natural durante toda su vida. Después de graduarse de la Escuela de Recursos Naturales de la Universidad de Michigan, Mary trabajó como naturalista en el Museo de Hudson Highlands en el estado de Nueva York, dirigió el programa estatal de Aprendizaje Ambiental para el Futuro en el Instituto de Ciencias Naturales de Vermont, trabajó como naturalista de recursos para la Sociedad Audubon de Massachusetts y diseñó y presentó sus propios "Programas de Naturaleza a la Altura de las Rodillas" para las bibliotecas y escuelas primarias de Vermont y New Hampshire.

Sus otros libros infantiles con Arbordale incluyen *Las casas de los animales* (NSTA / CBC Most Outstanding Science Trade Book)*, Otis, el búho*; *El primer verano del zorro Fernando* (NSTA / CBC Most Outstanding Science Trade Book y Moonbeam Children's Book Award); *El ocupadísimo año de los castores*; *Yodel, el chiquitín*; *Mitos de Animales; Las narices de los animales*; *Las orejas de los animales*; *Las colas de los animales*; *Los ojos de los animales*; *Patas de los animales*; y *Bocas de los animales* (NSTA / CBC Most Outstanding Science Trade Book y Moonbeam Children's Book Award). El libro *Naturally Curious: a Photographic Field Guide and Month-by-Month Journey Through the Fields, Woods and Marshes of New England* ganó el Premio Nacional de Libros al Aire Libre en el 2011. *Naturally Curious Day by Day* fue publicado en el 2016. Mary vive en Vermont con su labrador Emma. Visita el blog de Mary en naturallycuriouswithmaryholland.wordpress.com.

Mary Holland investiga lo que hay dentro de una castorera

Si disfrutaste de este libro, busca estos otros
títulos de Arbordale Publishing:

Las orejas de los animales

Los ojos de los animales

Las patas de los animales

Las bocas de los animales

Las casas de los animales

Por Mary Holland

Las pieles de los animales
por Mary Holland

Las colas de los animales
por Mary Holland

Las huellas y rastros de los animales
por Mary Holland

Incluye 4 páginas de actividades para la enseñanza

www.ArbordalePublishing.com

$11.95 U.S.

ISBN: 978-1-63817-3137

51195

9 781638 173137